AF330692

AVIS
AUX MESSINS,
SUR LEUR SANTÉ,
OU
MÉMOIRE

Sur l'état habituel de l'atmosphere à Metz, & ses effets sur les Habitans de cette Ville;

Par M. MICHEL DU TENNETAR, Conseiller & Médecin ordinaire du Roi, Professeur Royal de la Faculté de Médecine en l'Université de Nancy, Agrégé d'honneur au Collège des Médecins de la même Ville, de la Société Royale de Médecine de Paris, &c.

A NANCY,
Chez C. S. LAMORT, Imprimeur, près des Dominicains. N°. 176.
M. DCC. LXXVIII.

AVERTISSEMENT.

IL est si rare que le Peuple soit reconnoissant du bien qu'on cherche à lui faire; il est si ordinaire, qu'entraîné par de vieilles habitudes, il rejette tout ce qui peut les changer, même lorsqu'elles lui sont nuisibles, qu'il faut la plus grande circonspection pour proposer quelque réforme. Ce n'est qu'après avoir communiqué à M. l'Intendant de la Province, les réflexions que présente ce Mémoire, que j'ose le publier. Le desir général que M. de Pons témoigne pour procurer le mieux être des objets dont l'administration lui est confiée, m'avoit enhardi à lui offrir ce travail sur les vices de l'atmosphere Messine, & les moyens de les corriger. Il m'a permis de le faire paroître sous ses auspices. Cet empressement à favoriser les travaux utiles, est du plus heureux augure pour mes Compatriotes.

Il existe à Metz des Médecins assez instruits pour avoir vu les dangers attachés à l'état habituel de l'air qu'ils respirent, & assez bons Citoyens pour desirer de les voir anéantir (*). Je ne doute pas qu'ils n'aient eu le projet de mettre sous les yeux du Public quelques réflexions utiles sur cet objet. Ils me loueront de les avoir prévenus; & loin de m'envier cet avantage, ils se joindront à moi pour opérer le bien, & suppléeront par leurs observations à celles qui me sont échappées. Ils ont trop de connoissances & de talens, pour porter envie à personne.

(*) M. Read, en particulier, a fait assez voir, par plusieurs bons Ouvrages relatifs à la Province, combien il étoit bon Médecin & bon Citoyen.

MÉMOIRE

SUR L'ÉTAT HABITUEL

DE L'ATMOSPHERE

A METZ.

" Celui qui veut s'instruire
" de la Médecine, doit exami-
" ner, avec beaucoup de soin,
" toutes les saisons de l'année,
" & les effets qu'elles peuvent
" produire.... Il doit connoître
" les propriétés des vents froids
" & des vents chauds, tant de
" ceux qui sont communs à tou-
" tes les contrées, que de ceux
" qui sont particuliers & qui
" regnent en chaque Pays.... Un
" Médecin donc qui arrive dans
" une Ville qu'il ne connoît pas,

,, doit d'abord confidérer fa fi-
,, tuation par rapport aux vents
,, & au foleil.... S'il eft bien inf-
,, truit de ces chofes, il prédira
,, par avance les maladies géné-
,, rales dont cette Ville fera af-
,, fligée à chaque faifon ; il faura
,, ce qui contribue le plus à la
,, fanté ; & fûr de fon art, il
,, marchera fans crainte dans le
,, traitement de fes malades. ,,

Tels font les confeils qu'Hippocrate donne aux Médecins qui
aiment leur état, & que l'amour
de leurs femblables a fait entrer
dans la carriere épineufe de l'art
de guérir. Ces confeils font le
le réfultat des obfervations les
plus exactes & d'une expérience
confommée.

En effet tous les Médecins
obfervateurs conviennent que
les différences de l'atmofphere &
des faifons, produifent dans les
maladies des différences fenfi-

bles, qu'il est nécessaire de savoir calculer & apprécier, si l'on veut se mettre à l'abri du reproche d'ignorance ou de légéreté.

Il est plus dangereux qu'on ne le pense communément, de prescrire un remede dans une maladie, sans faire attention à la constitution habituelle du climat ou à celle de la saison. Les fievres ne présentent pas dans un lieu sec & élevé les mêmes phénomenes que dans un lieu bas & humide. On connoît assez la différence qui existe entre les fievres intermittentes du printemps & celles de l'automne. » Tels sont les temps, dit Hip-» pocrate, telles sont les ma-» ladies. Dans l'hiver, la pituite » s'amasse, elle prédomine au » printemps, mais le sang se » raréfie. Le sang fermente en-» core pendant l'été, mais la » bile s'échauffe & se met en

» mouvement. Dans l'hiver, l'a-
» trabile eſt en abondance &
» très-agaçante. Si telle ou telle
» conſtitution de l'année pré-
» domine, on verra auſſi domi-
» ner les maladies qui en dé-
» pendent. «

Il eſt donc bien eſſentiel de ne point traiter en général une ma-ladie d'après ſa dénomination. » Ce n'eſt nullement par la no-
» menclature des maladies qu'il
» faut juger de leur identité
» ou de leur différence. « Ce feroit une routine-dangereuſe & condamnable. Il faut aupa-ravant conſidérer les circonſ-tances qui accompagnent le mal; examiner ſi & comment il peut dépendre des lieux que le malade habite, ou de la ſaiſon pendant laquelle il eſt attaqué. La combinaiſon prompte & juſte de tous ces phénomenes & de leurs rapports, doit diriger tou-

tes les vues pratiques du Médecin.

Les avantages qui réfultent de ces connoiffances font précieux fans doute, puifqu'ils doivent concourir au foulagement des Citoyens; ofons en efpérer un plus précieux encore : celui de les mettre à l'abri des maladies auxquelles ils font le plus fréquemment expofés. Si, en morale, le principal but du Légiflateur, le feul peut-être digne de lui, eft de prévenir le crime, bien plus que de fixer le jufte degré de peines qu'il mérite ; de même, en phyfique, la route la plus fûre pour devenir généralement utile, doit être de prévoir les maladies, & de favoir employer à propos les moyens capables de les prévenir.

Il fera donc utile de rechercher quelles font les caufes des maladies qui affligent le plus ordinairement la Ville de Metz, dépendantes de l'état habituel de l'air qu'on y respire & des variations des saisons. Il sera plus utile encore d'établir les moyens d'en corriger ou diminuer les influences nuisibles.

Pour traiter ces objets avec plus d'ordre & d'une maniere plus intelligible, il faut présenter d'abord un tableau général des divers effets de l'air, selon qu'il a plus ou moins les qualités dont il est susceptible.

L'air est un des principes constitutifs de l'homme & le plus nécessaire à sa conservation ; il nous environne & nous presse de toutes parts, nous le respirons, il agit sans cesse sur nous & au dedans de nous, il pénetre nos corps de mille façons, il se mêle & se confond avec les humeurs, il entre dans leur composition comme dans celle des

parties les plus solides. Ces af-
fertions font prouvées par des
expériences incontestables. Il
n'eft donc pas étonnant qu'il ait
fi fpécialement attiré l'attention
d'Hippocrate, cet obfervateur
fi exact, qui l'a regardé comme
la caufe la plus générale de la
fanté & de la maladie.

De fa nature l'air eft un corps
fluide, invifible, infipide, pefant,
élaftique, fufceptible de raréfac-
tion & de condenfation, qui em-
prunte fes bonnes & fes mauvai-
fes qualités des corps étrangers
dont il fe charge. C'eft le véhi-
cule univerfel de tous les corps
en décompofition.

L'air peut être fucceffivement
chargé ou privé de feu & d'eau.
Delà les variétés du froid & du
chaud, de la féchereffe & de l'humidité. Ces difpofitions générales de l'air s'établiffent par les
vents. Ce font eux qui modifient

la température de presque toutes
les régions de la terre ; ils rendent la différence des saisons plus
ou moins sensible ; c'est par eux
que l'air opere des changemens
continuels sur nous , au moyen
des diverses exhalaisons dont il
peut se charger.

Le froid ne peut s'exprimer
que par la diminution de la chaleur. Il resserre les corps , il en
rapproche les élémens ; chacun
peut observer qu'il fait disparoî-
tre les veines de la peau , qu'il
en crispe la surface & lui donne
de la rudesse. Il augmente notre
agilité , parce qu'il rend nos solides plus fermes , plus actifs ,
qu'il augmente leurs forces. Il
accéleré le cours des liquides ;
mais s'il devient excessif , il le
ralentit au point de le supprimer
tout-à-fait & de faire périr ceux
qui y sont exposés. Le trop de
roideur que les solides acquièrent

par un froid confidérable long-
temps continué, l'épaiffiffement
qui en réfulte dans les fluides,
augmentent de part & d'autre
la réfiftance, au point de faire
ceffer le mouvement circulatoire
qui entretient la vie. Un autre
danger qui réfulte de l'action du
froid même le plus utile, c'eft
que les folides ayant été long-
temps dans un état de tenfion
auquel ils ne font point accou-
tumés, tombent tout-à-coup dans
le relâchement & une forte d'a-
tonie, lorfque la caufe de cette
tenfion vient à ceffer. C'eft à cela
qu'il faut attribuer l'abattement,
la péfanteur qu'éprouvent les fu-
jets foibles à la fuite du froid.

Les effets généraux de la chaleur, font la dilatation, l'exten-
fion des corps les plus durs, &
par conféquent l'affoibliffement
de la cohérence des parties. Elle
agit fur les folides & les liquides

de la machine humaine d'une
maniere analogue, elle diminue
les forces & l'activité, elle jette
dans l'abattement, la lassitude,
le desir du repos ; elle affoiblit
les digestions & diminue l'appétit ; elle raréfie les humeurs &
augmente la transpiration, par
ce moyen les parties les plus sub-
tiles du sang sont entraînées hors
du corps, & les parties gelati-
neuses nutritives se dissolvent &
se dissipent.

Un air sec jouit de toute son
élasticité, il est en général très-
sain, lorsqu'il n'est ni trop chaud
ni trop froid ; il donne de l'agilité, de la gaieté, des forces. Les
nerfs & les vaisseaux en deviennent plus actifs, la circulation en
est plus facile, l'appétit plus franc,
les digestions plus nettes, toutes
les secrétions plus décidées, &
les excrétions plus régulieres.

L'air sec & froid prépare aux

maladies inflammatoires, parce qu'il épaiffit le fang fans en diminuer le mouvement d'une maniere fenfible.

L'air fec & chaud favorife la difpofition aux engorgemens fanguins. " En général, dit Hippo-
" crate, les féchereffes ne font
" pas fi mal faines que les pluies
" confidérables; il meurt moins
" de monde pendant les pre-
" mieres. "

L'humidité de l'air relâche les folides, diminue le mouvement circulatoire des liquides & rend les fecrétions pénibles. Dans cet état de l'atmofphere, la tranfpiration fe fupprime, les pores abforbans fe rempliffent d'humidité, la machine s'affaiffe & perd toute fa vigueur, l'efprit & le corps font dans un état habituel de langueur.

Si le froid fe joint à l'humidité de l'air, la tranfpiration en eft

plus fûrement & plus conſtam-
ment ſupprimée. On devient
moins agile en raiſon du degré
de ces deux qualités réunies de
l'air ; les excrémens s'accumulent, ce qui produit une grande
quantité de pituite, de glaires &
de fluxions catarrhales. Les maladies qui ſont produites par cette
cauſe, en ſont plus opiniâtres.

Si l'humidité ſe trouve jointe
à la chaleur, il peut en réſulter
des accidens bien plus graves :
l'humidité qui relâche occaſion-
nera un plus grand abattement,
ſi la chaleur qui dilate & ouvre
les pores facilite ſon action. Les
ſolides s'abreuvent davantage de
cette humidité, & les fluides
s'impregnent plus facilement des
parties nuiſibles dont l'air humide
eſt chargé. Bientôt l'inertie s'éta-
blit, & l'on voit naître la ten-
dance à la putréfaction. La chaleur exalte les principes de nos

humeurs, & la diffolution qu'y porte l'humidité en facilite la dépravation. Cela arrive d'autant plus fûrement, que la matiere de la tranfpiration fupprimée y répand un principe d'acrimonie qui fert de ftimulus au mouvement fpontané de décompofition vers lequel hos fluides tendent naturellement.

C'eft d'après ces principes fondés fur l'obfervation conftante des fiecles précédens, que nous devons juger des effets généraux de l'atmofphere Meffine, après avoir reconnu fes qualités les plus habituelles.

La Ville de Metz eft fituée au confluent de la Seille & de la Mofelle, en partie dans un fonds, & en partie fur un côteau, au vingt-troifieme degré cinquante-une minutes de longitude, & au quarante-neuvieme degré fept minutes fix fecondes de latitude. La Moselle environne cette Ville à l'occident & au nord, une digue de pierre détourne le cours de cette riviere & la partage en deux canaux, dont l'un baigne les murailles de Metz, & l'autre entre dans la Ville, où les eaux font retenues par des éclufes. Elles la traverfent par deux bras qui s'ouvrent à la pointe de l'Ifle du Saulcy, qui renferme aujourd'hui les Hôtels de la Comédie & de l'Intendance, & fe réuniffent derriere la Maifon du Palais-Royal.

Il s'échappe de la Moselle, à l'entrée de la Ville, un troifieme bras par la digue des Pucelles, dont une partie va joindre le Pont-des-Morts, & l'autre va tomber près du Cimetiere des Juifs en Chambierre.

La Seille environne Metz au midi & à l'orient, elle fe partage auffi en deux bras, dont l'un baigne les murs de la Ville, & l'autre en traverse toute la partie orientale dans un canal pavé. Lorsqu'elle déborde, elle entre jusqu'à une certaine hauteur dans les maisons qui couvrent ses deux rives. Elle est retenue dans son cours par plusieurs écluses ou vannes, & se réunit enfin à la Moselle, à l'extrémité du retranchement de Guise, vis-à-vis de l'Isle de Chambierre.

Dans l'éloignement, la Ville de Metz & le Pays Messin ont au midi les hautes montagnes des Vosges, au levant, deux chaînes de ces montagnes les couvrent en partie & les séparent de l'Alsace. Le Barrois & la Champagne bornent la Province au couchant. Du côté du nord, le Pays est découvert en grande partie, & dans le reste il est environné des Bois de l'Ardenne, & de ceux de la Sarre.

Le spectacle des environs de la Ville de Metz pendant la belle saison, enchante l'œil du Spectateur; pour peu qu'il soit sensible, il jouit avec enthousiasme de l'aspect varié que lui présente la nature : des côteaux chargés de Villages & de vignes; des plaines coupées par les napes d'eaux immenses que forment les divers détours des riviéres; des prairies fécondes qui annoncent une récolte abondante; des terres arables qui trompent rarement l'espoir du cultivateur; des maisons de plaisance, des jardins sans nombre remplis d'arbres à fruits & de légumes de la meilleure espece; tout annonce la richesse du sol & le bonheur de ceux qui le cultivent.

Charmé de ce coup d'œil intéressant & séducteur, on s'avance vers la Ville, en se promettant de nouveaux plaisirs;

mais à peine est-on arrivé dans l'intérieur de la Place, que la surprise succede à l'admiration. La vue est choquée par l'aspect de Maisons, la plupart antiques, & dont le plus grand nombre est à deux ou à trois étages, bâties solidement, à la vérité, mais sans agrément extérieur & d'une architecture agreste. Les rues font généralement étroites & tracées en lignes courbes, le plus souvent de largeur inégale. L'air y est comme emprisonné, & il est impossible que les vents y aient un libre accès, comme cela serait nécessaire pour le secouer, le renouveller & le débarrasser des vapeurs que fournissent les boues abondantes, dès qu'il est tombé un peu de pluie. Un Magistrat (*) estimable par

____

(*) M. Lepayen, Procureur du Roi au Bureau des Finances.

des talens qu'il confacre depuis long-temps à l'utilité de fes Concitoyens, a fenti cet inconvénient ; il emploie toute l'autorité de fa Place à y remédier, & nos defcendans jouiront enfin de ce bienfait, fi ceux qui lui fuccéderont mettent le même courage & la même fermeté à vouloir le bien public, & à le procurer, malgré les fréquentes réclamations de l'intérêt perfonnel.

Si l'on parcourt en Obfervateur les divers quartiers de cette Ville, il fe préfente une foule de caufes nuifibles à la fanté de fes Citoyens, & qui méritent la plus férieufe attention ; on ne peut guere fe défendre d'un mouvement de pitié, quand on voit que le danger phyfique, néceffairement attaché à la réunion des hommes dans une enceinte bornée, n'eft ici combattu par

aucun des moyens qu'on pourroit lui oppoſer, & que l'induſ-
trie humaine n'a preſque rien
fait pour la ſalubrité d'un air
continuellement reſpiré par qua-
rante mille hommes, qui reſtent
expoſés à toutes les influences
d'une atmoſphere peſtilentielle.

Il y a dans l'intérieur de la
Ville, dans les quartiers même
les plus habités, dix ou douze
cimetieres, remplis de cadavres
corrompus, & tout couverts de
leurs débris. Il s'en éleve continuellement une vapeur infectée,
dangereuſe dans tous les temps
& dans tous les lieux ; l'air en
eſt toujours altéré dans les environs, & ce fluide ne peut plus
être reſpiré ſans donner lieu aux
événemens les plus funeſtes. Il
porte dans les humeurs un principe acrimonieux, qui en déſu-
nit les parties, vicie le fluide
nerveux, & produit ces fievres

putrites exanthémateuses & ma-
lignes qui ont tant de proximité
avec la peste.

Il n'est pas rare à Metz, lorsqu'on creuse une fosse, d'en voir
tirer des morceaux de cadavres
à demi-pourris, qui répandent
au loin des miasmes putréfians,
& d'une fétidité insupportable.
Et comme si l'on avoit craint
d'échapper à la contagion, on
étoit parvenu à changer en tom-
beau le Sanctuaire de la Divinité.
L'œil bienfaisant du Gouverne-
ment n'a pas dédaigné de s'arrêter un moment sur cette cause
féconde de maladies, & il a senti
combien il étoit important de
l'anéantir. » Il n'a donc plus été
» permis à la piété orgueilleuse
» & destructive des Habitans, de
» pourrir dans les Eglises d'une
» maniere distinguée, & d'y ré-
» pandre l'infection de la mort.
Il seroit bien à desirer que
cette

cette réforme fût plus complete par le tranſport de tous les ci-metieres hors de la Ville, dans des lieux qui ſeroient déſignés par les Médecins. On pourroit alors diſpoſer d'un plus grand terrain, & l'on ne ſeroit pas obligé d'ouvrir auſſi ſouvent dans les mêmes endroits. On éviteroit d'imprégner l'air des miaſmes qui s'élevent des cadavres à demi-pourris, qu'on eſt obligé de dé-couvrir & d'enlever pour faire place à d'autres dans un terrain trop reſſerré. Quand on n'ob-tiendroit du déplacement des ci-metieres que cet avantage, il ſe-roit ſuffiſant pour y déterminer ; mais il eſt facile de concevoir qu'il ne ſeroit pas le ſeul, & il me ſemble que la ſanté générale des Citoyens, eſt un objet aſſez important pour ne pas calculer l'augmentation de peines qu'il y auroit à tranſporter les cadavres un peu plus loin pour leur donner la sépulture. Ceux qui objecteroient cette difficulté, ne prouveroient pas un grand zele pour le bien public.

Le quartier des Juifs est une autre cause toujours subsistante de l'infection de l'atmosphere. La mauvaise odeur constante de l'air qu'on y respire, est une nouvelle preuve du danger de l'entassement des hommes & des animaux. Des rues fort étroites, des maisons très-élevées, dans un espace trop resserré pour la quantité des Habitans ; des familles nombreuses accumulées, dans de petits appartemens ; les écuries, la tuerie, la boucherie, tout est rassemblé entre des bornes très-rapprochées, d'une maniere à détruire les propriétés utiles de l'air, & à le rendre méphytique.

Il y auroit deux moyens de

remédier à cet abus : l'un , de fixer d'une maniere invariable le nombre des Juifs qui doivent habiter ce quartier , & de le calculer fur fon étendue; l'autre, de leur donner un terrain où ils puiffent fe mettre plus au large & pulluler avec plus d'aifance pour eux , & plus de falubrité pour ceux qui les environnent. Je n'examine pas lequel de ces deux moyens feroit préférable en politique , & fi le commerce envahi, la Garnifon endettée, les Habitans de la campagne ruinés par cette horde étrangere, doivent en faire defirer la diminution ou l'anéantiffement. Je ne porte fur cet objet que l'attention du Phyficien , qui obferve les dangereux effets de cet entaffement, & qui en indique le remede.

A toutes ces caufes nuifibles, fe joignent les émanations putrides des foſſés qui environnent la Ville, de ceux ſur-tout où des eaux marécageuſes, bourbeuſes & fétides ſont en ſtagnation. Les déjections abondantes d'une partie de la Garniſon, qui ſont reçues & ſéjournent dans pluſieurs de ces foſſés; la quantité infinie d'inſectes & de plantes qui y meurent & y pourriſſent, fourniſſent en tout temps, mais particuliérement pendant les chaleurs, des exhalaiſons empoiſonnées qui agiſſent à la maniere des levains ſur les humeurs contenues dans l'eſtomac & les inteſtins, & même ſur la maſſe générale, où elles peuvent s'introduire par tant de voies.

Perſonne n'ignore l'extrême puanteur qu'exhalent les gros excrémens quand ils pourriſſent. On ſait que la vapeur qui s'en éleve eſt moffétique, & peut aſphyxier ceux qui la reſpirent de trop près & en trop grande quantité.

Seroit-il si difficile de remédier à cet inconvénient ? L'abondance des eaux qui environnent la Ville, la situation des rivieres qui l'arrosent, présentent par-tout des moyens sûrs & naturels de corriger ces abus. On pourroit, par l'établissement de quelques canaux, diriger les eaux dans les fossés, & en déterminer l'écoulement en leur donnant de la pente. Je ne m'étends pas davantage sur cet objet, il existe, à Metz, assez d'Ingénieurs instruits qui pourroient dresser des plans exacts des travaux à faire pour remédier à cette cause d'infection.

Il résulte, de tout ce qui précede, que la Ville de Metz est nécessairement enveloppée d'une atmosphere habituellement froide & humide, & presque toujours fétide. Les vents du midi qui pourroient corriger ce froid, font arrêtés & refroidis par les montagnes des Vofges, dont le fommet eft couvert de neiges jufqu'au milieu de l'été, & quelquefois plus tard. Ils n'arrivent à Metz que chargés d'une partie de ces neiges qu'ils ont fondues & diffoutes. En traverfant la Lorraine ils ont paffé fur des forêts, des rivieres, des étangs, & fur un fol généralement humide. Ils fe font donc chargés, autant qu'ils l'ont pû, des vapeurs aqueufes dont l'atmofphere de la Lorraine eft remplie, & c'eft dans cet état qu'ils viennent fe mêler à celle que refpirent les Meffins.

Lorfque les vents du midi parviennent par leur conftance à corriger le froid de l'atmofphere de Metz, ils n'en font pas pour cela plus avantageux, puifqu'ils

uniffent alors la chaleur à l'humidité , dont les effets réunis
font fi funeftes.

Les vents de l'eft, qui font
ordinairement fecs, contribuent
un peu à diminuer l'humidité de
l'air, mais les vents du couchant
ont bientôt détruit ce bon effet
par leur difpofition pluvieufe.
Ajoutons à cela, que la fonte
des neiges par les chaleurs de
l'été, groffit ordinairement les
deux principales rivieres qui ar-
rofent le Pays Meffin, & y cau-
fent quelquefois des déborde-
mens. Les eaux répandues hors
de leur lit ordinaire préfentent
plus de furface à l'air, qui s'en
abreuve toujours davantage ,
jufqu'à ce qu'elles retombent en
ferein abondant au coucher du
foléil, ou en pluies qui durent
plufieurs jours. Ces pluies tombent & féjournent fur les feuilles
des arbres des forêts nombreufes

dont le Pays Meſſin eſt environné, d'où elles ſont abſorbées
de nouveau par les vents qui les
rapportent dans l'atmoſphere.

Heureuſement que cette humidité générale, & ſur-tout l'humidité chaude des vents du midi,
eſt ſouvent corrigée par les vents
du nord, dont l'accès à Metz eſt
entiérement libre. Ces vents
ſont toniques & propres à rele-
ver les fibres muſculaires de leur
affaiſſement. La ſanté ferme &
la vigueur conſtante des Peuples
du nord, font une puiſſante
preuve en leur faveur. Ils ne
ſont cependant pas exempts de
danger dans les premiers momens où ils ſe font ſentir. Ils
peuvent nuire aux poitrines dé-
licates, & occaſionner des fluxions catarrales en reſſerrant
les vaiſſeaux tranſpiratoires. A
Metz, ils produiſent ſouvent cet
effet, ſur-tout quand ils ſucce-

dent aux vents du midi ou de l'oueft, moins peut-être parce qu'ils fuppriment la tranfpiration qui eft habituellement foible, que parce qu'en augmentant fubitement le ton des fibres, ils refferrent les vaiffeaux & le tiffu cellulaire de la peau, & forcent par-là l'humeur catarrale à fe porter fur quelque partie moins extérieure, à s'y dépofer & à y former des embarras qui ne fe détruifent pas fans le fecours de la fievre.

Ces vents ne diminuent d'ailleurs que foiblement l'humidité, qui eft par conféquent la qualité dominante de l'atmofphere de la Ville de Metz. On peut s'en convaincre fans le fecours des hygrometres ou d'autres expériences compliquées. Il fuffit d'ouvrir les yeux fur mille petites preuves à portée de tout le monde, & dont on eft continuellement environné : le sel de cuisine éloigné du feu est presque toujours humide, le fer se rouille aisément, le linge s'humecte, le pied des murs se charge de mousse & verdit, toutes les chambres, dans lesquelles on ne fait pas de feu en hiver, sont remplies d'humidité, j'ai vu des tapisseries de papier s'y gâter par cette cause, & des estampes précieuses s'y détruire par la moisissure.

Cette humidité abondante & habituelle dont l'air est imprégné, explique pourquoi dans la belle saison le serein & les rosées sont quelquefois si considérables ; pourquoi, dans les autres saisons, les brouillards, les pluies, la neige, le givre sont si fréquens & si abondans.

Par-tout, dit Huxham avec Sanctorius & tous les Médecins observateurs, l'humidité froide diminue la transpiration & la répercute; l'atmosphere de Metz étant habituellement humide & froide, doit donc produire constamment cet effet ; aussi n'y existe-t-il guere de maladies qui ne le reconnoissent pour cause éloignée, & souvent pour cause prochaine. La constitution catarrale est la plus ordinaire, mais son intensité & ses effets varient selon la constitution des saisons, c'est-à-dire, selon qu'il fait plus ou moins chaud, ou plus ou moins froid, car ces deux états de l'air éprouvent, à Metz, des variations promptes & inattendues, & c'est encore là une autre qualité nuisible de l'atmosphere de cette Ville. La température passe quelquefois subitement du degré de la congelation & au dessus à plusieurs degrés au dessous de la glace. Il n'est pas rare d'observer ces changemens d'un jour à l'autre, ou même du matin au soir dans le même jour.

Ces variations subites & considérables produisent de très-mauvais effets; elles agravent les maladies existantes, & donnent naissance à une infinité d'autres. L'ordre qu'elles doivent observer, par rapport aux saisons, peut en être interverti jusqu'à un certain point, de maniere que les maladies qui paroissent le plus ordinairement pendant l'automne ou le printemps, peuvent se montrer pendant l'été, s'il est moins chaud qu'il ne doit l'être, & pendant l'hiver dans le temps où le froid n'auroit pas plus d'intensité qu'à l'automne ou au printemps. ″ Si le froid ″ ou le chaud, dit Hippocrate, ″ se font sentir dans le même ″ jour, on verra les maladies ″ d'automne ; elles dureront

» d'autant plus long-temps que
» l'intempérie régnante aura été
» plus durable, & elles devien-
» dront épidémiques. « On observe souvent à Metz cette va-
riété d'effets; ce qui n'empêche
pas qu'en général les saisons ne
s'y succedent d'une maniere sensible.

L'automne est la saison où
la température est la plus uni-
forme, la plus constante & la
plus agréable ; le beau temps se
prolonge pour l'ordinaire jusques
vers le milieu de Novembre. Des
pluies succedent bientôt à ces
beaux jours, & durent tant que
les vents d'ouest se soutiennent,
mais dès que ceux du nord les
remplacent, ils amenent le froid,
& l'hiver est décidé; c'est ordinairement dans le mois de Dé-
cembre.

Pendant les mois de Janvier
& de Février, il survient des

alternatives de gelées & de dégels, de neiges & de pluies. La gelée est cependant assez constante pendant le mois de Février. Alors le froid est quelquefois très-piquant ; le thermometre de Réaumur descend jusqu'à dix & douze degrés au dessous du terme de la glace.

Cette température s'adoucit au mois de Mars, il paroît quelques beaux jours qui sont troublés par le froid, la pluie, les giboulées. Cette inconstance du temps se soutient jusques vers le milieu de Mai, temps où le soleil commence à se montrer plus souvent. Quelquefois la fin de Mars & le commencement d'Avril sont assez chauds pour hâter la végétation qui se trouve subitement arrêtée ensuite par quelques gelées vers les premiers jours du mois de Mai. Cet événement est assez marqué pour

priver les Meſſins des fruits prin-
taniers.

Ces variations du printemps
font auſſi une cauſe fréquente
de maladies pour les Citoyens
qui ſe preſſent de jouir des premiers beaux jours & de quitter
les habits d'hiver. Sydenham,
ce Médecin célebre qui a mérité
le ſurnom d'*Hippocrate Anglois*,
prétend " qu'il meurt plus de
" monde pour s'être dégarni
" avant le temps, ou pour s'être
" imprudemment expoſé à la
" fraîcheur, ayant chaud, qu'il
" n'en périt par la peſte, la
" guerre & la famine, ces fléaux
" ſi ſouvent acharnés à la perte
" du genre humain. "

Rien de ſi commun à Metz
que les maux qui ſont les triſtes
effets de ce deſir précoce de
jouir des premiers momens du
printemps : on prend des vêtemens plus légers, on ſort des

maifons, même de la Ville, pour recueillir avec empreffement les premiers rayons du foleil, on fe livre à une promenade longue & active, les pores s'ouvrent, la tranfpiration fe répand au dehors; enfin, fatigué par un exercice devenu exceffif, refpectivement au repos dans lequel on s'étoit engourdi pendant tout l'hiver, on profite du premier endroit commode pour s'y repofer, & dans le moment où les fens fe livrent le plus délicieufement au fpectacle nouveau dont on jouit, il furvient un nuage, le foleil fe voile, le froid recouvre fes droits, la peau en eft affectée, les pores fe refferrent, la tranfpiration fe fupprime, elle eft retenue dans le tiffu cellulaire, ou répercutée fur les organes intérieurs, & bientôt on devient la victime de fon imprudence.

Une précaution essentielle dans tous les temps contre ces accidens, seroit de porter sous la chemise, immédiatement sur la peau, une de ces petites camisoles connues sous le nom de *fergettes*. Elles tranfmettent à la chemise la matiere de la fueur, & lorfqu'elle vient à fe refroidir, la peau garantie par la fergette n'en eft point affectée.

Les commencemens de l'été font rarement fort chauds, à caufe des montagnes des Vofges, qui, comme je l'ai dit, gênent le cours des vents du midi, & les privent d'une partie de leur chaleur. Dès qu'il a fait un peu chaud pendant quelques jours, il furvient des orages qui refroidiffent l'air & forcent bientôt à recourir à des vêtemens moins légers. Ce n'eft guere que vers la fin de Juillet, &

pendant le mois d'Août, qu'il existe à Metz des chaleurs un peu vives & conſtantes, c'eſt ſur-tout vers le temps de la moiſ-ſon.

Les mois de Septembre & d'Octobre nous ramenent le matin quelques brouillards qui ſe diſſipent vers dix ou onze heures, & quelquefois plutôt, ce qui n'empêche pas que l'automne ne ſoit la ſaiſon la plus agréable.

Si nous rapprochons ce tableau de celui de l'état habituel de l'atmoſphere à Metz, nous verrons que, pendant la moitié de l'automne, tout l'hiver & une grande partie du printemps c'eſt le regne de l'humidité froide, & que, pendant l'été & les premiers jours de l'automne, l'atmoſphere eſt chaude & humide, ou tiede & humide. Ces conſtitutions ne ſont modifiées que par les vents d'est & de nord qui diminuent l'humidité & la chaleur, & s'opposent à ce que leurs effets soient aussi nuisibles qu'ils pourroient l'être, sans leur secours. C'est à cela qu'il faut attribuer la différence qui se trouve dans le nombre des maladies d'une année, comparé à celui d'une autre. Lorsque les vents correctifs ont soufflé souvent & long-temps, les maladies sont moins nombreuses & moins funestes ; mais s'ils ont peu soufflé, les effets réunis & successifs des mauvaises qualités de l'atmosphere, multiplient les maladies qui deviennent plus ou moins sérieuses, selon le degré du froid ou de la chaleur.

Dans tous les cas, ces maladies ont toujours à-peu-près le même caractere ; mais il a plus ou moins d'intensité. Elles tiennent en général des maladies catarrales. Elles font ordinairement fimples au printemps : on voit, dans cette faifon, les enchiffrenemens, les rhumes, les efquinancies légeres, les attaques paffageres de rhumatifmes, les fievres vernales, &c.

L'hiver, lorfque le vent du nord fouffle, elles fe compliquent d'inflammation ; elles prennent la forme de pleuréfies, de péripneumomies, d'angines, d'attaques violentes de rhumatifmes, &c.

Vers la fin de l'été, après les chaleurs vives de la moiffon, lorfque la bile a été exaltée, la difpofition bilieufe s'unit à la difpofition catarrale, & l'on voit régner des fievres catarrales - bilieufes & péripneumoniques ; le plus fouvent il s'y joint de la putridité, & l'engeance vermineufe vient encore les compliquer davantage.

La conſtitution putride eſt, à la vérité, la ſuite de la dégé-nération des humeurs occaſion-née par la chaleur humide; mais on a vu qu'à Metz il s'y joint d'autres cauſes locales qui en dé-terminent plus ſûrement le ca-ractere. On ne doit donc pas être ſurpris de voir les fievres s'y compliquer de tant de manieres différentes.

Si les chaleurs de l'été n'ont pas été bien vives, & que la matiere tranſpirable répercutée, ainſi que la matiere jaune bi-lieuſe, ſe ſoient plus épaiſſies qu'exaltées, elles produiſent des engorgemens difficiles à réſou-dre. Si c'eſt le poumon qui s'en trouve ſurchargé, il en réſul-tera, vers la fin de l'automne, des fauſſes péripneumonies. Si ces matieres s'établiſſent dans les viſceres du bas-ventre, il en naîtra des engorgemens qui pro-

duiront des fievres intermittentes opiniâtres; ou bien, il se for-
mera des obstructions qui don-
neront dans la suite naissance à
bien des maux, & d'où résultent,
pour l'ordinaire, des hydropisies
de différentes especes.

Telles sont les maladies dont
l'observation nous prouve l'exis-
tence à Metz & dans les environs. » Elles ne viennent pas
» tout d'un coup, quoique leur
» irruption paroisse subite, elles
» s'accumulent par degrés, « selon la remarque d'Hippocrate.

Il est des circonstances parti-
culieres qui, sans changer l'influence marquée des saisons sur
le corps humain & sur les maladies qui l'attaquent, peuvent
faire varier ces maladies & les
rendre plus ou moins graves.
Par exemple, dans les années
où l'on a éprouvé une sorte de
disette, où le pain étoit si rare

& fi cher, que les Citoyens de
la claffe inférieure étoient forcés de s'en priver, & de s'ali-
menter de fubftances ou peu
nourriffantes ou mal faines, il
n'auroit pas été étonnant que les
maladies ordinaires à chaque faifon euffent revêtu des formes
différentes, & euffent préfenté
des fymptomes plus effrayans que
les années précédentes. C'eft au
Médecin à diftinguer les effets
de l'inanition, de ceux de la
conftitution.

La différence qui exifte entre
la nourriture des riches & celle
des pauvres, ainfi qu'entre leur
maniere de vivre, mérite auffi
quelqu'attention de la part du Médecin praticien ; car dans l'exercice d'un Art auffi difficile, on
ne fauroit avoir trop de *données*,
on ne fauroit trop les comparer,
les difcuter, les combiner, fi
l'on veut fe procurer quelques

résultats satisfaisans, quelques conséquences certaines.

Après avoir démontré l'origine commune des maladies qu'on observe le plus ordinairement à Metz, il me resteroit à établir plus spécialement leur nature, leur division & la meilleure maniere de les traiter. Je me propose d'en faire l'objet de plusieurs autres Mémoires qui serviront de suite & de développemens à celui-ci. Je me contenterai, pour le terminer & remplir le but que je me suis proposé, d'indiquer les moyens les plus simples & le plus à la disposition de tous, par lesquels on peut prévenir une partie de ces maux & s'en garantir. Je les trouve dans l'usage raisonné des alimens & de l'exercice.

Ce n'est pas une tâche facile, que de prescrire l'espece d'aliment à laquelle on doit donner

la préférence pour conferver la fanté. Le tempérament de chaque individu eft plus ou moins décidé, plus ou moins compliqué ; dans l'un il favorife l'action des caufes de maladies ; dans l'autre, il s'y oppofe & l'anéantit, felon cette maxime d'Hippocrate : » Une chofe in-
» commode l'un & fait du bien
» à l'autre, parce qu'un corps
» differe d'un corps, une conf-
» titution d'une conftitution, un
» aliment d'un aliment. «

De la combinaifon de ces diverfes circonftances réfulte l'emploi des alimens dont il faut confeiller l'ufage ; mais il m'eft impoffible de m'aftreindre ici à toutes ces regles fpéciales ; ce n'eft pas le tempérament individuel que j'examine, c'eft le tempérament national, la maniere d'être habituelle d'un Peuple entier ; c'eft l'influence gé-

C

nérale du climat & des faifons.

Nous avons vu que le caractere le plus marqué de l'atmofphere de Metz eft l'humidité
froide. Quels font les alimens
qui conviennent le mieux pour
en corriger ou prévenir l'influence maladive ? Il n'eft pas
néceffaire, pour répondre à cette
queftion, de faire de grandes
recherches fur la nature des fubftances alimentaires & de la matiere nutritive qu'elles fournif-
fént. Ce n'eft pas le cas d'étaler
avec luxe les principes chymico-
phyfiques fur lefquels eft fondé
le travail de la digeftion. Il fuffit
de préfenter en peu de mots
le réfultat fûr de l'obfervation
fur cet objet.

Il eft conftant que dans le
Nord & pendant l'hiver, par
un vent fec, on mange davantage & l'on digere plus facile-

ment. Sous la ligne, au contraire, pendant l'été & quand les vents font humides, on mange moins & le travail de la digeftion eft plus lent. C'eft la connoiffance de ces variétés, & le bon ufage qu'on peut en faire, qui mettent le Médecin à portée de tourner au profit de la machine les reffources que la nature nous offre en elle ; car c'eft la nature qui eft le premier maître du Médecin, & il n'eft heureux qu'à proportion qu'il en faifit la marche avec plus de facilité, & qu'il la fuit avec plus de précifion.

C'eft la force & l'activité des folides contenus dans de juftes bornes, qui entretiennent la régularité des fonctions qui conftituent la fanté. Si cette force diminue, les liquides ne font plus préparés comme ils doivent l'être. Ils deviennent ou trop

fluides ou trop épais, & souvent
ils ont ce double vice dans des
parties différentes. Ils s'arrêtent,
Ils croupissent & deviennent acrimonieux, les secrétions se sus-
pendent & la machine se dé-
traque : tels sont les effets les
plus ordinaires d'un air froid &
humide.

Dans ces circonstances, il
faut donner du ton, exciter la
nature languissante, ranimer les
fonctions, éloigner, en un mot,
les dispositions prochaines de maladies. Des alimens corroborans,
des assaisonnemens de toute espece, des boissons fortifiantes
peuvent y contribuer.

Le pain bien cuit, les alimens
bien épicés, les viandes rôties,
les légumes atténuans : le céleri,
le persil, le cresson, le raifort,
la moutarde, les trufles, les ra-
ves, les asperges, les artichaux,
les chicoracés conviennent pen-

dant la fin de l'automne, tout l'hiver & le printemps. La boisson doit être du bon vin vieux.

Pendant l'été, cette diete échauffante doit diminuer à proportion de la chaleur : les fruits acidules, les légumes de la faison, s'opposent à la diffolution du fang & corrigent la difpofition aux fievres putrides. Il feroit fort utile d'en faire la bafe de fa nourriture pendant cette faifon, fi l'eftomac n'en eft pas trop fatigué: les fraifes, les cerifes, les grofeilles, les prunes bien mûres, & fpécialement les mirabelles, délaient les humeurs épaiffies, les divifent & les rendent plus fluides, elles corrigent l'acrimonie de la bile & rétabliffent les fecrétions.

En automne, il faut y ajouter l'ufage dès fruits fondans de toute efpece, leur fuc favonneux & fucré contribue à divi-

fer les matieres pituiteufes &
bilieufes épaiffies, & les prépa-
rent à être évacuées naturellement par les couloirs des intef-
tins. Il eft rare que les perfonnes
qui ont fait ufage de ces fruits,
foient expofées aux maladies de
cette faifon. Il eft d'expérience
que c'eft un moyen fûr de prévenir les dyffenteries, les fievres
bilieufes, & de corriger la difpofition atrabilieufe qui produit
les fauffes péripneumonies & les
obftructions des vifceres.

J'ai fouvent entendu, à Metz,
demander aux Médecins fi l'on
pouvoit y faire ufage de café?
C'eft ici le lieu de préfenter fur
cet objet des réflexions qui puiffent mettre tout le monde à
portée de répondre à cette queftion.

L'ufage du café a eu des dé-
fenfeurs zélés & des adverfaires
opiniâtres; on l'a loué avec en-

thoufiafme, on l'a blâmé outre mefure. Il eft vraifemblable qu'on ne s'y eft pas déterminé fans motif. On cite de part & d'autre des faits fur lefquels on appuie fes raifonnemens. Si les faits font vrais & pourtant contraires, il n'eft pas étonnant qu'on en ait tiré des conféquences différentes. Quelle eft donc la caufe de cette oppofition ? C'eft que l'on a tiré des conféquences générales & abfolues de quelques faits particuliers & relatifs ; c'eft qu'on a examiné l'ufage du café, en fuppofant ce qui eft impoffible, un état de fanté parfaite dans tous ceux qui en prennent ; c'eft qu'on a regardé la fanté comme une & généralement la même dans toute l'efpece, tandis que chaque homme a fa fanté perfonnelle dépendante de fa maniere d'être particuliere & proprement individuelle , indépendamment de la santé générale des Habitans d'un même Pays , vivans sous le même climat ; c'est qu'on n'a pas voulu faire attention qu'entre les bûveurs de café , les uns ont la fibre lâche, les liquides épais & glaireux, le tempérament phlegmatique & lent ; & que dans les autres, les fibres exécutent leur mouvement oscillatoire avec promptitude & vivacité , la circulation se fait avec une facilité & une liberté qui ont plutôt besoin de frein que d'aiguillon. Est-il nécessaire , après cela , de faire voir qu'il ne falloit avancer sur l'usage du café aucune assertion générale ; qu'il en est des qualités utiles & nuisibles de cette substance , comme de celles de toutes les substances connues ; qu'elles sont purement relatives , qu'elles ne sauroient être généralement nuisibles ni généralement utiles, puisqu'elles ne s'exercent pas sur des sujets parfaitement semblables. L'étincelle, quoique toujours la même, ne produit pas toujours les mêmes effets : elle enflamme la poudre, elle s'éteint dans l'eau.

Concluons donc que le café n'est ni bon ni mauvais absolument, & qu'il n'a d'effet utile ou nuisible que relativement aux circonstances. La décoction de café est échauffante, elle augmente l'action des solides & la qualité active du sang. Il est prouvé par l'expérience, qu'elle accélere la digestion, & qu'elle augmente la transpiration insensible ; elle convient donc à ceux qui vivent dans une atmosphere froide & humide, quand d'ailleurs le tempérament individuel n'en fait pas craindre l'action sur des fibres trop tendues, trop seches, & sur un système ner-

veux trop irritable & excessive-
ment sensible.

Ce sont donc les alimens épicés, le bon pain, les vins choi-
sis, le café dont les riches font
usage, qui les soutiennent contre
les influences catarreuses de l'atmosphere Messine. Les pauvres,
qui n'ont pas les mêmes avantages, peuvent trouver une res-
source non moins utile dans l'exercice auquel ils sont forcés. Il
supplée à leurs alimens, il en
corrige les mauvaises qualités,
en fortifiant les organes de la
digestion, en donnant de l'activité à toute l'économie animale.

Les anciens Médecins, con-
vaincus de la nécessité du mouvement, établirent des regles &
des préceptes sur les différentes
manieres de s'exercer, & ils en
firent un Art, qu'ils appellerent
Gymnastique Médicinale. Cet
Art a fourni dans tous les temps

à la Médecine les secours les plus
étendus & les succès les plus
frappans. Il triomphe principale-
ment dans tous les cas où l'humidité froide de l'atmosphere
diminue ou supprime la transpiration, relâche les solides, ralentit leur mouvement oscillatoire & par conséquent la circulation, rend les secrétions lan-
guissantes, supprime les excrétions, & occasionne par-là des
maladies lentes & pituiteuses,
des congestions locales dues à
des humeurs épaissies ou sta-
gnantes, des engorgemens, des
obstructions, &c. Tels sont les
effets les plus ordinaires de l'atmosphere de Metz. Les indi-
cations qu'ils nous présentent
continuellement à remplir, sont
de ranimer toutes les fonctions,
en rendant aux fibres le degré
de ton & d'élasticité dont elles
manquent.

Le propre du mouvement eſt d'augmenter les oſcillations de la machine ; la légere ſecouſſe qu'é-prouve l'eſtomac , facilite ſon action ; la ſuccuſſion de tous les viſceres aide la ſecrétion à laquelle ils ſont propres , elle favoriſe le dégorgement des vaiſſeaux obſtrués ; les ſucs épaiſſis ſe diviſent , ceux qui ſont diſ-ſous & épanchés ſe réſorbent , la compreſſion immédiate & réitérée des fibres voiſines les force à chercher une iſſue ; le frottement aſſez ſenſible des habillemens ſur la ſurface de la peau excite une tranſpiration abondante. Ainſi l'exercice pro-cure la diſſipation des matieres évacuables qui , ſans lui , reſte-roient dans la machine au grand détriment de l'économie ani-male. Il n'y a donc point dans l'atmoſphere Meſſine de moyen plus puiſſant pour entretenir la santé & prévénir les maladies, que l'exercice.

Les personnes du sexe, naturellement inactives au physique, se préserveroient de toutes les maladies de nerfs si communes de nos jours, si elles se livroient davantage au mouvement. ,, Si l'on travailloit, dit ,, Sanctorius, si l'on faisoit de ,, l'exércice, on pourroit se pas- ,, ser de Médecins & de reme- ,, des. ,, Il n'y a point, dit aussi ,, le Chancelier Bacon, de dis- ,, position à la maladie, qu'un ,, exercice approprié ne puisse ,, corriger. ,,

Cependant l'exercice pratiqué avec excès, ou mal-à-propos, peut devenir nuisible. Il faut qu'il soit réglé à proportion des forces, & varié selon les besoins.

Le temps, la durée, le lieu de l'exercice ne sont pas indifférens. L'expérience a prouvé que le mouvement convient mieux avant le manger, & sur-tout avant le dîner. J'ai dit qu'il rendoit le cours des humeurs plus libre, & qu'il les disposoit davantage aux secrétions & aux excrétions. Pour produire fructueusement ces effets, il faut que la digestion soit absolument terminée, que les matieres nutritives soient propres à être appliquées, & que celles qui doivent être évacuées soient disposées à l'évacuation. L'exercice ne peut donc convenir que long-temps après avoir mangé ; c'est ce qui a fait dire à Sanctorius „ que „ l'exercice qu'on fait entre la „ septieme & la douzieme heure „ avant le repas, fait sortir en „ une heure plus de matieres „ transpirables, qu'en trois heu- „ res dans tout autre temps. „ C'est aussi sur ce fondement que

que Galien, conseille un repos
entier à ceux chez qui la digestion
& la coction se font lentement
& imparfaitement, jusqu'à ce
qu'elles soient achevées. L'exercice, pendant la digestion, précipite la distribution des humeurs
avant que chacune d'elles soit
élaborée dans la masse générale,
& ait acquis les qualités néces-
saires pour la fonction à laquelle
la nature l'a destinée ; d'où s'en-
suivent des acidités, des engorgemens, des obstructions.

Un léger exercice après le
repas peut cependant être utile
à ceux dont les humeurs trop
épaisses circulent avec tant de
lenteur, qu'elles ont besoin continuellement d'être excitées dans
leur cours.

Quant à la durée de l'exercice, Galien lui a fixé des loix
sages & auxquelles il est utile de
se soumettre. Il conseille de con-

tinuer l'exercice, 1°. jusqu'à ce
qu'on commence à se sentir un
peu gonflé ; 2°. jusqu'à ce que
la couleur de la surface de la
peau semble s'animer un peu plus
que dans le repos ; 3°. jusqu'à
ce qu'on se sente une légere lassitude ; 4°. enfin jusqu'à ce qu'il
survienne une petite sueur, ou
du moins qu'il s'exhale une petite
vapeur chaude de toute la surface
du corps. Dès qu'un de ces effets
paroît, il faut discontinuer l'exercice, il ne pourroit pas durer
plus long-temps sans devenir excessif, & par conséquent nuisible.

Le premier & le second de
ces signes, annoncent que le
cours des humeurs est assez libre,
puisqu'il a pénétré dans les petits
vaisseaux de la peau, & que la
transpiration est disposée à s'y
faire convenablement. Le troi-
sieme prouve qu'on a fait une

dépenfe fuffifante de forces, &
le quatrieme, que le fuperflu
des humeurs fe diffipe, & qu'ainfi
l'objet de l'exercice à cet égard
eft rempli.

Il faut fe livrer à la promenade
dans le temps que l'air eft ferein
& tempéré, deux heures après le
lever & avant le coucher du foleil ; l'air trop chaud ou trop
froid feroit nuifible. C'eft l'avis
d'Hippocrate. C'eft auffi celui
de Celfe : » Evitez le foleil du
» midi, difoit-il aux Romains,
» éloignez-vous du bord d'un
» fleuve ou des étangs, & ne
» vous fiez point à un ciel cou-
» vert de nuages, de peur que
» vos corps ne paffent trop ra-
» pidement de la chaleur au
» froid. «

Le confeil d'éviter le foleil du
midi eft prefqu'inutile. Il eft peu
d'hommes qui s'expofent à ce
degré de chaleur, fans chercher

l'ombre avec empreſſement. Il l'eſt bien davantage pour les Dames ; elles ne ſont pas aſſez imprudentes pour livrer leur teint aux ravages du ſoleil. Mais ces motifs mêmes qui font recher-cher l'ombre, expoſent à des dangers dont on ſe défie peu. On attend que le ſoleil ſe cou-che pour ſe montrer à la pro-menade , dans l'intention. d'y reſpirer le frais , & c'eſt ce frais ſi recherché , qui eſt une des ſources les plus fécondes des maladies catarrales : lorſque le ſoleil ſe couche , l'air ſe re-froidit , il perd une partie de la propriété qu'il empruntoit de la chaleur , de tenir en diſſolution une plus grande quantité d'eau. Cette eau , devenue ſurabon-dante , ſe précipite à la ſurface des corps qui s'y trouvent expo-ſés ; la tranſpiration ſe ſupprime , & il en réſulte des enchifrene-

mens, des douleurs de tête, &
tout le cortege des maux qui
dépendent de la tranfpiration répercutée.

Le danger devient plus iné-
vitable, fi le lieu où l'on fe pro-
mene eft voifin d'une riviere,
l'humidité qui s'en éleve fe joint
à celle que l'air laiffe échapper,
& leurs effets réunis n'en deviennent que plus nuifibles.

Il n'eft pas plus fage de choifir
l'après-fouper pour fe livrer au
plaifir de la promenade ; l'humidité de l'air eft augmentée, & fon
activité malfaifante s'eft fortifiée
par fon refroidiffement. ” Ceux
” qui cherchent, dit Sanctorius,
” à refpirer un air trop frais
” après le fouper, s'expofent à
” une fuppreffion affurée de la
” tranfpiration infenfible, fur-
” tout dans les parties du corps
” qui ne font pas vêtues. “ Dès
la nuit même ou le jour fuivant,

on fent du froid & de la péfanteur à la tête & fur le cou, il
furvient des friffons vagues &
un peu de fievre; quelquefois
on en eft quitte pour un écoulement, une deftillation de l'humeur âcre répercutée, qui s'é-
paiffit bientôt & continue de
s'évacuer par le nez ou par les
crachats en peu de jours : mais
il arrive d'autres fois qu'il fe fait
un engorgement plus opiniâtre.

Il eft donc effentiel d'éviter
les impreffions de ce froid humide, & lorfqu'on eft forcé de
s'y expofer, il faut fe vêtir affez
pour n'en être pas incommodé.
C'eft ainfi qu'en choififfant fes
alimens, en faifant de l'exercice
à propos, on parviendra à corriger les influences vicieufes de
l'air que les Meffins refpirent :
ces moyens font au pouvoir de
tout le monde; quant à ceux qui
pourroient corriger la fétidité

des vapeurs qui corrompent l'atmosphere, c'est aux hommes qui
ont la confiance du Gouverne-
ment à les employer. En travail-
lant pour l'utilité commune, ils
jouiront les premiers des avantages qu'ils auront procurés aux
Citoyens. Je me croirai fort heureux si les réflexions que je mets
ici sous les yeux de tous, peuvent
arrêter fructueusement l'attention des Chefs sur les plans de
réforme que le zele du bien public m'a dictés.

9 782013 028264